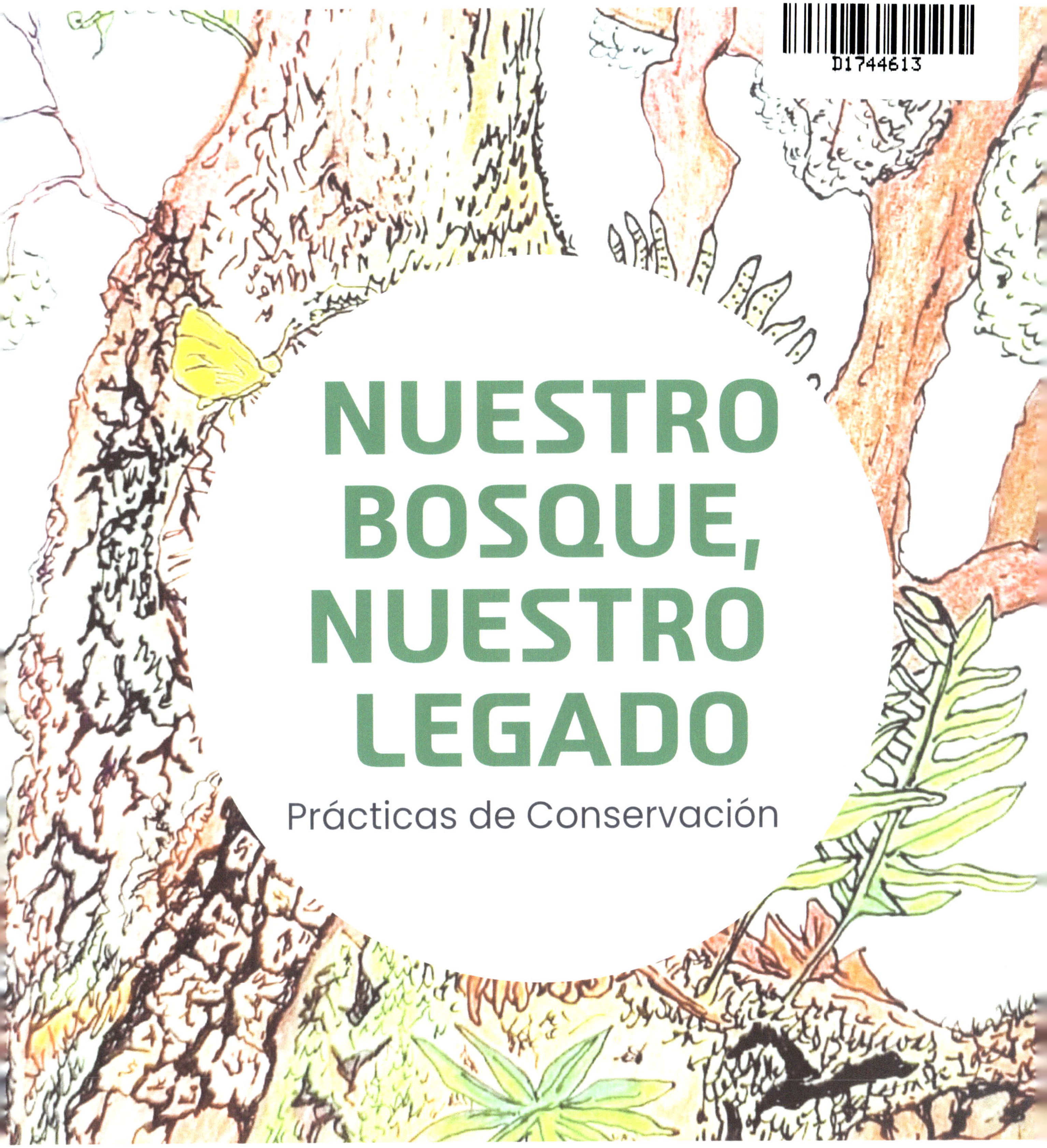

NUESTRO BOSQUE, NUESTRO LEGADO

Prácticas de Conservación

www.latinofarmersusa.com

Ilustradora
Erika C. Soler Maldonado

Colaboradores
Courtney Columbus
Katherine Favor
Daniel González Rodríguez
Dr. H. Nolo Martínez
Heriberto Martínez Méndez
Edwin Más
Maya McElrath
Patricia Morales
Adrian Parrott
Ismael Reyes
Caroline Sanabria Colón
Delie Wilkens

www.latinofarmersusa.com
www.mano-y-ola.com

Publicado por: Artist Studio Project Publishing LLC
ISBN: **978-1965086001**
Library of Congress Control Number: **2024942080**

ASP BOOKS
5620 Millrace Trail, Raleigh, NC 27606
artiststudioprojectpublishing.com

VERSIÓN EN ESPAÑOL

SOBRE NOSOTROS

mano-Y-ola (mYo) es una firma de consultoría especializada en mujeres y minorías con sede en Carolina del Norte. Cuenta con miembros del equipo en oficinas ubicadas en Colorado, Luisiana, los Países Bajos, Puerto Rico, Texas, y Wisconsin. La empresa fue fundada por el Dr. H. Nolo Martínez en 2009 y, en la actualidad, es copropiedad de Nolo y la Sra. Maya McElrath. Juntos, poseen más de 30 años de experiencia en liderazgo, educación, servicios familiares, trabajo social y desarrollo comunitario. El equipo de mano-Y-ola tiene una variedad de antecedentes, que incluyen experiencia en compromiso cívico, administración, artes, comunicación y publicidad, trabajo social y gestión de casos, educación, relaciones internacionales, administración de empresas, derecho, negocios agrícolas y agronomía.

Personal de mYo y organizaciones aliadas participan en una demostración de campo en la Hacienda Rita en San Germán, Puerto Rico.

VERSIÓN EN ESPAÑOL

SOBRE NOSOTROS

mano-Y-ola (mYo) es una firma de consultoría especializada en mujeres y minorías con sede en Carolina del Norte. Cuenta con miembros del equipo en oficinas ubicadas en Colorado, Luisiana, los Países Bajos, Puerto Rico, Texas, y Wisconsin. La empresa fue fundada por el Dr. H. Nolo Martínez en 2009 y, en la actualidad, es copropiedad de Nolo y la Sra. Maya McElrath. Juntos, poseen más de 30 años de experiencia en liderazgo, educación, servicios familiares, trabajo social y desarrollo comunitario. El equipo de mano-Y-ola tiene una variedad de antecedentes, que incluyen experiencia en compromiso cívico, administración, artes, comunicación y publicidad, trabajo social y gestión de casos, educación, relaciones internacionales, administración de empresas, derecho, negocios agrícolas y agronomía.

Personal de mYo y organizaciones aliadas participan en una demostración de campo en la Hacienda Rita en San Germán, Puerto Rico.

ACERCA DEL LIBRO

Silvopastoreo en Lajas, Puerto Rico

Este libro está dirigido a propietarios de bosques, agricultores e individuos interesados en la conservación de los recursos naturales. *Nuestro Bosque, Nuestro Legado* fue desarrollado por mano-Y-ola (mYo) con el objetivo de compartir estrategias para la gestión forestal sostenible y la agricultura de conservación. El contenido abarca técnicas para reducir los riesgos de incendios forestales y recomendaciones para crear hábitats. mYo también reconoce a la *U.S. Endowment for Forestry and Communities* por apoyar la publicación de este libro y su compromiso con el empoderamiento de propietarios de bosques hispanos.

Al implementar las prácticas descritas en este libro, los lectores pueden ayudar a prevenir la erosión del suelo, mejorar los hábitats de la vida silvestre y secuestrar carbono, entre otros beneficios. Esperamos que esta información sea valiosa para gestionar sus bosques y contribuya a un futuro más sostenible.

Prácticas de Conservación

Para implementar estas prácticas de conservación en su terreno, siga los criterios y requisitos específicos en su estado o territorio. Las versiones adaptadas localmente de estos documentos están disponibles en la página web del *Field Office Technical Guide* (FOTG).[1]

Cada práctica cuenta con un código asignado por el Servicio de Conservación de Recursos Naturales del Departamento de Agricultura de los Estados Unidos (*USDA-NRCS,* por sus siglas en inglés).

Los números de códigos representan un estándar de práctica de conservación que contiene información sobre por qué y dónde se aplica una práctica, y establece los criterios mínimos de planificación que deben cumplirse durante la implementación de dicha práctica para que logre su(s) propósito(s) previsto(s).

Algunos códigos de practicas de conservación de NRCS no aplican a todo tipo de uso de terreno. Consulte su guía local del FOTG para las condiciones donde cada practica es aplicable o consulte con su oficina local de NRCS.

Recomendamos complementar estas prácticas con otras estrategias de conservación.

[1] United States Department of Agriculture, *Field Office Technical Guide.* https://efotg.sc.egov.usda.gov/#/

Tabla de Contenido

I. PRÁCTICAS DE MANEJO

Estas prácticas ayudan a manejar las malezas arbustivas y las malezas herbáceas.

01. MANEJO DE MALEZAS ARBUSTIVAS

Código: 314

Consiste en manejar o quitar los arbustos leñosos no deseados de un área. Pueden ser dañinos al ambiente, y pueden ser nocivos a los animales.

Es posible usar estas técnicas:
- Métodos químicos (herbicidas)
- Métodos mecánicos (trabajo a mano o maquinaria)
- Quemas prescritas
- Métodos biológicos (pastoreo)[1]

Antes de usar un método, considere seleccionar hacia qué maleza es dirigida. Algunas malezas pueden ser tóxicas.

VARIOS DE LOS BENEFICIOS

- Aumenta el acceso al forraje
- Mejora la calidad y la cantidad del forraje
- Puede mejorar el hábitat para la vida silvestre[1]

1. Demolición   2. Remoción Manual   3. Trituración
4. Productos Químicos   5. Itinerario de Pastoreo

02. CONTROL DE MALEZAS HERBÁCEAS

Código: 315

Consiste en manejar las malezas herbáceas, incluyendo las que son especies invasoras. Estas pueden competir con el cultivo de interés (espacio, luz, agua y nutrientes) y albergar plagas o roedores como hospedero alterno.

Para el manejo de las malezas herbáceas, se puede usar:

- Métodos mecánicos (trabajo a mano o maquinaria)
- Métodos químicos (herbicidas)
- Métodos biológicos (pastoreo)[2]

VARIOS DE LOS BENEFICIOS

- Aumenta el acceso al forraje
- Mejora la calidad y la cantidad del forraje
- Puede proteger las plantas deseadas[2]

1. Remoción Mecánica
2. Remoción Química
3. Remoción Biológica
4. Itinerario de Pastoreo

II. PREVENCIÓN DE INCENDIOS

Estas prácticas sirven para prevenir los incendios forestales o para controlarlos.

01. QUEMA PRESCRITA

Código: 338

Consiste en planificar un fuego controlado. Para realizar la quema de forma segura, hay que cumplir con las regulaciones establecidas, estatales y locales, incluso las de los bomberos. Consulte con un profesional, quien completaría un plan detallado antes de cada quema.

También es importante evaluar la salud ambiental, la meteorología y la cobertura vegetal. El encargado de la quema debe dirigir las actividades y tomar las decisiones para reducir el riesgo para los participantes y al público.

El plan para la quema debe incluir los siguientes detalles, entre otros:

- La ubicación del área donde se va a llevar a cabo la quema
- Los objetivos de la quema
- Las condiciones climáticas necesarias para realizarla[3]
- Permiso de quema por la agencia forestal pertinente

VARIOS DE LOS BENEFICIOS

- Reduce el peligro de incendios forestales
- Mejora el hábitat para la vida silvestre
- Maneja la vegetación no deseada[3]

FUEGO CONTROLADO

Incendio intencional controlado

02. BARRERAS CORTAFUEGOS

Código: 394

Una barrera cortafuego es un área sin vegetación o con vegetación que es resistente al fuego. El propósito de esta área es prevenir que un incendio se extienda. Puede ser permanente o temporal.[4] Para abrir el espacio, se puede usar un arado o una topadora ("*bulldozer*").[6]

Además, debe seguir las regulaciones locales de los bomberos y evaluar la salud ambiental y la meteorología. También es importante tomar medidas para controlar la erosión.[4]

VARIOS DE LOS BENEFICIOS

- Previene que un incendio forestal se propague
- En conjunto con las quemas prescritas, ayuda a manejar la productividad y la salud de las plantas[4]
- Reduce las emisiones del dióxido de carbono (CO_2)[5]

Área desprovista de vegetación (combustible)

03. REDUCCIÓN DE COMBUSTIBLES

Código: 383

Esta práctica consiste en reducir y/o cambiar la vegetación en un área. También es importante manejar la hojarasca y los escombros. Estas medidas ayudan a controlar un incendio o a reducir su dispersión.

En caso de un incendio forestal, es peligroso que las ramas de los árboles se unan. Como medida de prevención, se podan las ramas de los árboles para que el fuego no pueda propagarse.

Además, es recomendable podar las ramas bajas de los árboles.[7]

VARIOS DE LOS BENEFICIOS

- Baja el riesgo de incendio forestal[8]
- Junto con la quema prescrita, ayuda a mejorar el hábitat y el forraje[7]

Eliminación de ramas por medio de poda

III. MANEJO FORESTAL

Las prácticas de manejo forestal pueden bajar el riesgo de incendios forestales y mejorar la productividad y la salud de las plantas. Además, prácticas como el manejo de residuos leñosos pueden hacer que los bosques se vean bonitos, entre muchos otros beneficios.

01. VEREDAS Y ÁREAS DE ACOPIO FORESTAL

Código: 655

Esta práctica consiste en crear senderos, caminos, y áreas de acopio forestal (áreas despejadas donde se puede colectar productos forestales). Estas áreas pueden mejorar el acceso a lugares en donde se van a usar otras prácticas de conservación. Están diseñadas para ser de uso limitado o para uso ocasional.

Se recomienda reutilizar los mismos senderos y áreas de acopio en años sucesivos para minimizar posibles impactos ambientales.[9]

VARIOS DE LOS BENEFICIOS

- Facilita el acceso a los productos del bosque
- Da acceso para el manejo del bosque[10]
- También pueden servir como barreras cortafuegos[9]

Vereda usada para trabajos en el bosque

02. MEJORAMIENTO DEL RODAL (RALEO)

Código: 666

Consiste en manejar condiciones tales como cuánto espacio hay entre los árboles o las especies de árboles que están presentes.[11]

Mientras haya suficiente espacio entre los árboles, estos suelen ser más sanos. Los árboles pueden recibir más luz y nutrientes, junto con más agua. Esto aporta a la salud del bosque.[12] Un ejemplo de mejoramiento del rodal es ralear unos árboles para que haya más espacio entre ellos.[11] En este contexto, "ralear" significa remover algunos árboles de áreas densas.

VARIOS DE LOS BENEFICIOS

- Mejora la productividad del bosque
- Reduce la vulnerabilidad a las plagas
- Mejora el hábitat para la vida silvestre[11]
- Reduce el riesgo de incendios forestales[12]

Eliminación de vegetación que compite con árboles deseados

03. MANEJO DE RESIDUOS LEÑOSOS

Código: 384

Consiste en manejar los residuos leñosos, tal como los árboles caídos. Esto reduce el material que pueda ser fuente de combustible para un incendio.

Se puede picar, triturar, o remover el material, entre otras opciones. Es preferible considerar estas opciones antes de decidirse a quemar el material.[13] Considere también las necesidades de los animales silvestres antes de remover material leñoso.

VARIOS DE LOS BENEFICIOS

- Mejora el acceso al forraje
- Mejora la estética del área
- Reduce el riesgo de incendios forestales, plagas, y enfermedades[13]

Manejo de ramas, troncos y otra vegetación

IV. PRÁCTICAS DE SIEMBRA

Las prácticas en esta categoría consisten en sembrar árboles, arbustos, y/o plantas herbáceas para reforestar, crear hábitat para la vida silvestre, o proteger áreas que son vulnerables a la erosión. Por ejemplo, la práctica siembra de áreas críticas puede proteger el suelo.

01. SIEMBRA EN VARIOS NIVELES

Código: 379

La siembra en varios niveles, o la siembra multinivel, es común en sistemas de agroforestería. Consiste en el manejo de árboles o arbustos en conjunto con el cultivo o manejo de plantas que crecen por debajo de ellos, en el sotobosque.

Esta práctica funciona bien cuando los cultivos son de diferentes alturas y son compatibles. Así no compiten por espacio o luz.[14]

Por ejemplo, en Puerto Rico, unos cultivos que se pueden cultivar mediante la siembra en varios niveles incluyen la combinación de árboles de mango y jengibres, entre otros.

VARIOS DE LOS BENEFICIOS

- Aumenta la diversidad de los cultivos
- Puede aumentar la cantidad de materia orgánica en el suelo
- Mejora el hábitat[14]

Siembra en varios niveles: árboles, arbustos y cultivos

02. SIEMBRA DE HÁBITAT DE VIDA SILVESTRE

Código: 420

Consiste en sembrar plantas herbáceas y/o arbustos bien adaptadas a las condiciones locales, creando hábitat para la vida silvestre. Después de identificar en cuáles especies de vida silvestre se van a enfocar, se recomienda elegir plantas que pueden crear un hábitat ideal para estas especies.[15]

Se puede utilizar la siembra de hábitat de vida silvestre en tierras de cultivos o pastos para convertir estos terrenos en hábitat para vida silvestre, polinizadores, y otras especies.[16] Se recomienda sembrar plantas nativas porque éstas suelen traer más beneficios ecológicos.[15]

VARIOS DE LOS BENEFICIOS

- Mejora el hábitat para la vida silvestre[15]
- Provee alimento y albergue para la vida silvestre
- Puede ayudar a los polinizadores, tales como las mariposas monarcas[16]

Diferentes especies de plantas atraen diferentes especies de animales.

03. SIEMBRA DE ÁREAS CRÍTICAS

Código: 342

Consiste en establecer vegetación permanente en sitios con erosión o que son vulnerables a la erosión.[17] Esto se puede hacer en combinación con siembras al contorno y en terrazas.

Esta práctica beneficia a sitios como bancos erosionados, las orillas de los lagos, áreas de construcción, y áreas afectadas por desastres naturales, entre otros.[17, 18]

VARIOS DE LOS BENEFICIOS

- Reduce la erosión
- Aumenta la cantidad de materia orgánica en el suelo
- Mejora la calidad del agua[19]

Barreras vegetativas al contorno (nivel)

04. PREPARACIÓN DEL TERRENO PARA SIEMBRA DE ÁRBOLES/ARBUSTOS

Código: 490

Consiste en mejorar las condiciones del área de siembra. Esto puede incluir remoción de material vegetal viejo, control de malezas, y preparación del suelo.

Los residuos leñosos protegen el suelo y el hábitat de la vida silvestre. Se puede dejar en el sitio si no aumentan el riesgo de incendio o de potenciales daños por las plagas y si no causan problemas con las actividades de manejo.[20]

VARIOS DE LOS BENEFICIOS

- Ayuda con el establecimiento y crecimiento de los árboles/arbustos[20]
- Aumenta la productividad y la salud de las plantas
- Aumenta la infiltración de agua en el suelo[21]

Puede preparar el suelo con medios mecánicos como
arado u otras herramientas.

05. SIEMBRA DE ÁRBOLES/ARBUSTOS

Código: 612

Esta práctica busca que los árboles y/o arbustos se establezcan. Se pueden usar semillas, plantas de semillero, y/o esquejes. También, si las condiciones son favorables, es posible que los árboles/los arbustos se establezcan de forma natural.

El proceso de establecimiento normalmente dura de 1 a 3 años. Durante este tiempo, puede ser necesario regar los árboles y/o arbustos y aplicarles nutrientes periódicamente.[22]

VARIOS DE LOS BENEFICIOS

- Controla la erosión
- Almacena el carbono
- Mejora el hábitat para la vida silvestre
- Mejora la salud y productividad de las plantas[23]

Árboles/arbustos sembrados al contorno (nivel) y en tres bolillos (patrón de siembras triangular)

06. MANTILLO

Código: 484

Consiste en cubrir el suelo o la superficie del terreno con materiales naturales (materia vegetal, como hojarasca, viruta o "*wood chip*") o artificiales. Otras opciones para el mantillo incluyen la corteza de los árboles y la gravilla, entre otros. También es posible usar el plástico, pero usarlo podría aumentar la erosión.

El mantillo debe cubrir el suelo de manera uniforme.[24]

VARIOS DE LOS BENEFICIOS

- Mejora la salud de las plantas
- Reduce la erosión
- Puede aumentar la cantidad de materia orgánica en el suelo[24]

Uso de mantillo cubriendo el suelo en siembra de árboles/arbustos

V. MANEJO Y DESARROLLO DE HÁBITAT

Hay varias formas de establecer o mejorar hábitat para la vida silvestre. Por ejemplo, se pueden instalar estructuras para el beneficio de los animales silvestres, tales como sitios donde las aves pueden hacer sus nidos.

01. MANEJO-DESARROLLO DE HÁBITATS DE SUCESIÓN TEMPRANA

Código: 647

Después de que un área ha sido perturbado, pasa por una serie de cambios en las especies de plantas y animales que viven ahí. Este proceso se conoce como la sucesión ecológica. Esta práctica consiste en manejar la sucesión ecológica para que se mantenga en la etapa de sucesión temprana para el beneficio de la vida silvestre.[25]

Un ejemplo de esta práctica puede ser controlar malezas invasivas para favorecer las plantas nativas y los animales.

VARIOS DE LOS BENEFICIOS

- Mejora la diversidad de las plantas
- Controla las plantas no deseadas[25]
- Mejora el hábitat para la vida silvestre
- Reduce la erosión[26]

Esta práctica incluye crear hábitat para plantas y animales.

02. MANEJO DEL HÁBITAT DE LA VIDA SILVESTRE EN SUELO FIRME

Código: 645

Consiste en manejar el hábitat para la vida silvestre y la conectividad. Cambios en las estructuras y las plantas que están presentes pueden mejorar el hábitat. Se sugiere una evaluación del hábitat para identificar cuales son los factores que limitan el hábitat y atender cada factor.[27]

Un ejemplo de esto en Puerto Rico puede ser mantener áreas boscosas y reforestar con plantas nativas considerando especies endémicas, tal como la cotorra puertorriqueña.

VARIOS DE LOS BENEFICIOS

- Provee alimento y albergue para los animales silvestres[27]
- Reduce la erosión
- Aumenta la diversidad de las plantas[28]

PLANTA INVOSARA

MALEZA

03. ESTRUCTURAS PARA LA VIDA SILVESTRE

Código: 649

Para mejorar el hábitat para la vida silvestre, es posible instalar estructuras, tales como sitios donde pueden hacer sus nidos, descansar o escapar de peligros.[29] Normalmente, actúan como sustitutos en áreas donde son necesarios, hasta que el hábitat natural cuenta con suficientes recursos o elementos.

Además, se puede modificar estructuras que pueden hacer daño a los animales silvestres para que sean más seguras para ellos. Por ejemplo, instalar rampas de salida en los bebederos de agua ayudaría a un animal que se cae adentro.[30]

VARIOS DE LOS BENEFICIOS

- Mejora el hábitat para la vida silvestre
- Reduce el riesgo de que una estructura haga daño a los animales silvestres[29]

Ejemplo de refugio para aves

GLOSARIO

A.

Agricultura: Cultivo de tierras para producir alimentos y otros productos vegetales, así como la cría de animales.

Agroforestería: Sistema que combina agricultura y los árboles en una misma área.

Agua: Un recurso esencial para la vida, presente en ríos, lagos, océanos y acuíferos.

Albergue: Lugar que ofrece refugio temporal.

Alimento: Sustancias consumidas para obtener energía y nutrientes.

Animales silvestres: Especies no domesticadas que viven en su entorno natural.

Arado: Herramienta agrícola para labrar la tierra.

Árboles: Plantas de tronco leñoso y hojas.

Arbustos: Plantas leñosas más pequeñas que los árboles.

Arbustos leñosos: Arbustos con tallos de madera.

Áreas boscosas: Zonas cubiertas por árboles, naturales o plantadas.

Aves: Vertebrados con plumas, pico y capacidad para volar (en su mayoría).

B.

Bebederos: Depósitos de agua para abastecer los animales.

Biología: La ciencia que estudia la vida y los seres vivos. "Biológico" es perteneciente o relativo a la biología.

Bosques: Ecosistemas terrestres dominados por árboles y vegetación arbórea.

C.

Caminos: Vías o rutas utilizadas para el desplazamiento de personas, vehículos o animales.

Carbono: Un elemento químico fundamental que se encuentra en la mayoría de los compuestos orgánicos y desempeña un papel clave en la química de la vida.

Combustible: En los bosques, combustible refiere a material vegetal que puede quemar en un incendio.

Contorno: Establecer prácticas de conservación tales como sembrar árboles o cultivos al mismo nivel en el campo.

Cortafuego: Franja despejada que previene la propagación de incendios.

Cotorra puertorriqueña: Una especie de loro endémica de Puerto Rico.

Cultivos: Plantas cultivadas con fines agrícolas, como alimentos o productos comerciales.

D.

Demolición: Proceso de destruir o desmantelar edificios, estructuras u objetos para su eliminación o reemplazo.

Dióxido de carbono (CO$_2$): Un gas compuesto por carbono y oxígeno que se encuentra en la atmósfera que es un contribuyente importante al efecto invernadero y al cambio climático.

Diversidad: La variedad de elementos o especies en un entorno, como la diversidad de la vida en un ecosistema.

E.

Ecología: La ciencia que estudia las relaciones entre los seres vivos y su entorno. "Ecológico" es perteneciente o relativo a la ecología.

Erosión: El proceso de desgaste y pérdida de suelo o roca debido a factores naturales como el viento o el agua.

Especies: Grupos de organismos con características similares que pueden reproducirse entre sí y dar lugar a descendientes fértiles.

Especies endémicas: Organismos que se encuentran exclusivamente en una región geográfica específica y no se encuentran en ninguna otra parte del mundo.

Esquejes: Fragmentos de plantas que se cortan y se utilizan para cultivar nuevas plantas idénticas a la planta original.

Estructuras: Elementos físicos que componen un objeto o sistema y le proporcionan forma y función.

H.

Hábitat: El lugar o entorno natural donde vive una especie de planta o animal.

Herbicidas: Sustancias químicas utilizadas para matar o controlar el crecimiento de plantas no deseadas, a menudo en la agricultura o jardinería.

Hojarasca: Una capa de hojas, ramas y material vegetal en descomposición que se acumula en el suelo de un bosque o área natural.

I.

Incendios forestales: Incendios que ocurren en áreas de bosques, selvas o vegetación natural y pueden extenderse rápidamente, causando daños significativos.

L.

Leñoso: Que tiene características de madera o se asemeja a la madera, como los tallos de los arbustos y árboles.

Legado: Bienes, tradiciones y características culturales o naturales heredadas de generación en generación.

M.

Maleza: Plantas no deseadas que crecen en áreas no cultivadas y a menudo compiten con los cultivos o plantas deseables.

Maquinaria: El conjunto de máquinas o dispositivos mecánicos utilizados para realizar tareas

específicas.

Materia orgánica: Sustancias derivadas de organismos vivos o materia en descomposición, que son una parte fundamental
del suelo y contribuyen a su fertilidad.

Meteorología: La ciencia que estudia el clima y las condiciones atmosféricas.

N.

Nidos: Estructuras construidas por aves y otros animales para criar a sus crías y proteger sus huevos.

NRCS (Servicio de Conservación de Recursos Naturales): Una agencia del gobierno de los Estados Unidos que se enfoca en la conservación de recursos naturales y la gestión sostenible de la tierra.

Nutrientes: Sustancias esenciales para el crecimiento y la salud de los seres vivos, como minerales y compuestos químicos que se obtienen de los alimentos y el entorno.

P.

Pastoreo: Actividad en la que los animales (generalmente ganado) se alimentan de pasto en áreas de pastoreo.

Pastos: Áreas cubiertas de vegetación compuesta principalmente por hierbas y plantas herbáceas que se utilizan para el pastoreo animal.

Pastos y forrajes: Plantas y hierbas cultivadas o naturales que se utilizan como alimento para el ganado y otros animales.

Perturbación: Alteración o cambio en un ecosistema o entorno, a menudo causado por factores naturales o humanos.

Plagas: Organismos no deseados que dañan cultivos, propiedades u otros recursos.

Plantas: Organismos vivos que pertenecen al reino vegetal y son capaces de producir su propio alimento.

Plantas de semillero: Plantas cultivadas de semillas para su posterior trasplante.

Plantas herbáceas: Plantas que carecen de tejido leñoso y generalmente tienen un ciclo de vida corto.

Plantas nativas: Especies de plantas que se originan y se desarrollan de forma natural en una región específica.

Polinizadores: Organismos, como abejas y mariposas, que ayudan en la transferencia del polen de una flor a otra, permitiendo la fertilización y la producción de frutos y semillas.

Prácticas de conservación: Acciones y técnicas diseñadas para preservar y gestionar los recursos naturales de manera sostenible.

Propagarse: Extenderse para cubrir un área mas grande, como en el caso de un incendio.

Q.

Quemas prescritas: Incendios controlados y planificados para gestionar la vegetación, mejorar hábitats o reducir riesgos de incendios.

Químicos: Sustancias compuestas por elementos químicos que se utilizan en una variedad de aplicaciones, desde la industria hasta la agricultura y la medicina.

R.

Ralear: Acción de reducir la densidad de plantas en una siembra o cultivo, generalmente eliminando algunas de ellas para permitir que las plantas restantes tengan más espacio para crecer y desarrollarse adecuadamente.

Rampas de salida: Caminos o estructuras diseñados para permitir que las personas, animales o vehículos salgan de una ubicación de manera segura.

Recursos: Elementos naturales o bienes que se utilizan para satisfacer las necesidades humanas o para otros propósitos.

Reducción de combustibles: Acciones que disminuyen la cantidad de materiales inflamables, como vegetación, en un área para prevenir incendios.

Reforestar: Plantar árboles o vegetación en áreas donde los árboles han sido talados o eliminados.

Refugio: Lugar seguro o estructura que brinda protección.

Remoción manual: Eliminación de materiales o vegetación utilizando mano de obra humana en lugar de maquinaria.

Residuos leñosos: Restos de madera o materiales leñosos que quedan después de la tala o procesamiento de árboles.

Roedores: Mamíferos pequeños, como ratones y ardillas, con incisivos afilados. Sus incisivos crecen constantemente.

S.

Salud ambiental: El estado general y la calidad del entorno y los recursos naturales en relación con la salud humana y el bienestar.

Semillas: Estructuras que contienen embriones de plantas y son utilizadas para cultivar nuevas plantas.

Senderos: Caminos o rutas marcadas utilizadas para el desplazamiento a pie o en bicicleta.

Siembras: Acciones de plantar semillas o plántulas en la tierra para el cultivo de cultivos o vegetación.

Silvopastoreo: Un sistema que combina la cría de ganado con la plantación de árboles o arbustos para aprovechar tierras de manera sostenible.

Sostenible: El enfoque en el uso de recursos y la gestión de sistemas de manera que se satisfagan las necesidades actuales sin comprometer la capacidad de las futuras generaciones para satisfacer sus propias necesidades.

Sotobosque: Capa de vegetación que crece bajo el dosel de árboles más altos en un bosque.

Suelo: Capa superior de la tierra en la que crecen las plantas y se desarrollan los ecosistemas.

T.

Terrazas: Estructuras escalonadas construidas en un terreno inclinado para evitar la erosión y mejorar la retención de agua.

Terreno: La superficie de la tierra, incluyendo sus características físicas y geográficas.

Tóxico o toxicidad: La capacidad de una sustancia para causar daño o efectos perjudiciales en la salud de los seres vivos.

Topadora (*bulldozer*)**:** Una herramienta agrícola que se utiliza para labrar la tierra.

Triturar: Desmenuzar o reducir a partículas más pequeñas, como triturar madera o triturar alimentos.

U.

USDA (Departamento de Agricultura de los Estados Unidos): Una agencia del gobierno de los Estados Unidos encargada de supervisar políticas relacionadas con la agricultura y la alimentación.

V.

Vegetación: El conjunto de plantas, incluyendo árboles, arbustos, hierbas y otros tipos de plantas que se encuentran en un área.

Vida silvestre: Animales que viven en su entorno natural, no domesticados por los seres humanos.

Referencias:
USDA Natural Resources Conservation Service, *National Field Office Technical Guides*: USDA-NRCS *Conservation Practice Codes*. https://www.nrcs.usda.gov/resources/guides-and-instructions/conservation-practice-standards

Citaciones:
[1] United States Department of Agriculture – Natural Resources Conservation Service, *Conservation Practice Standard: Brush Management*. https://www.nrcs.usda.gov/sites/default/files/2022-09/Brush_Management_314_CPS-3-17Final.pdf

[2] United States Department of Agriculture – Natural Resources Conservation Service, *Conservation Practice Standard: Herbaceous Weed Treatment*. https://www.nrcs.usda.gov/sites/default/files/2022-09/Herbaceous_Weed_Treatment_315_CPS_10_2020.pdf

[3] United States Department of Agriculture – Natural Resources Conservation Service, *Conservation Practice Standard: Prescribed Burning*. https://www.nrcs.usda.gov/sites/default/files/2022-09/Prescribed_Burning_338_CPS_10_2020.pdf

[4] United States Department of Agriculture – Natural Resources Conservation Service, *Conservation Practice Standard: Firebreak*. https://www.nrcs.usda.gov/sites/default/files/2022-11/394-NHCP-CPS-Firebreak-2021.pdf

[5] United States Department of Agriculture – Natural Resources Conservation Service, *Effects of NRCS Conservation Practices - National. Firebreak*. https://www.nrcs.usda.gov/sites/default/files/2022-09/Firebreak_394_CPPE.pdf

[6] United States Department of Agriculture – Natural Resources Conservation Service, *Conservation at Work Video Series: Firebreak*. https://youtu.be/VIHfYpZD1Mw

[7] United States Department of Agriculture – Natural Resources Conservation Service, *Conservation Practice Standard: Fuel Break*. https://www.nrcs.usda.gov/sites/default/files/2022-11/383-NHCP-CPS-Fuel-Break-2021.pdf

[8] United States Department of Agriculture – Natural Resources Conservation Service, *Conservation Practice Overview: Fuel Break*. https://www.nrcs.usda.gov/sites/default/files/2022-11/383-NHCP-PO-Fuel-Break-2022.pdf

[9] United States Department of Agriculture – Natural Resources Conservation Service, *Conservation Practice Standard: Forest Trails and Landings*. https://www.nrcs.usda.gov/sites/default/files/2022-09/Forest_Trails_and_Landings_655_CPS_Oct_2017.pdf

[10] United States Department of Agriculture – Natural Resources Conservation Service, *Conservation Practice Overview: CPS Forest Trails and Landings*. https://www.nrcs.usda.gov/sites/default/files/2022-09/Forest_Trails_and_Landings_655_Overview_Oct_2017.pdf

[11] United States Department of Agriculture – Natural Resources Conservation Service, Conservation Practice Standard: Forest Stand Improvement. https://www.nrcs.usda.gov/sites/default/files/2022-11/666-NHCP-CPS-Forest-Stand-Improvement-2022.pdf

[12] United States Department of Agriculture – Natural Resources Conservation Service, Conservation at Work Video Series: Forest Stand Improvement. https://www.youtube.com/watch?v=QZhOPQHdJM8

[13] United States Department of Agriculture – Natural Resources Conservation Service, *Conservation Practice Standard: Woody Residue Treatment*. https://www.nrcs.usda.gov/sites/default/files/2022-10/Woody_Residue_Treatment_384_CPS_Oct_2017.pdf

[14] United States Department of Agriculture – Natural Resources Conservation Service, *Conservation Practice Standard: Forest Farming*. https://www.nrcs.usda.gov/sites/default/files/2022-09/Forest_Farming_379_CPS_NHCP_2020.pdf

[15] United States Department of Agriculture – Natural Resources Conservation Service, *Conservation Practice Standard: Wildlife Habitat Planting*. https://www.nrcs.usda.gov/sites/default/files/2022-10/Wildlife_Habitat_Planting_420_NHCP_CPS_2018.pdf

[16] United States Department of Agriculture – Natural Resources Conservation Service, *Conservation Practice Standard Overview: Wildlife Habitat Planting*. https://www.nrcs.usda.gov/sites/default/files/2022-10/Wildlife_Habitat_Planting_420_NHCP_PO_2018.pdf

[17] United States Department of Agriculture – Natural Resources Conservation Service. *Conservation Practice Standard: Critical Area Planting*. https://www.nrcs.usda.gov/sites/default/files/2022-09/Critical_Area_Planting_342_CPS.pdf

[18] United States Department of Agriculture – Natural Resources Conservation Service, *Conservation Practice Standard Overview: Critical Area Planting*. https://www.nrcs.usda.gov/sites/default/files/2022-09/Critical_Area_Planting_342_Overview_Sep_2016.pdf

[19] United States Department of Agriculture – Natural Resources Conservation Service, *Effects of NRCS Conservation Practices - National: Critical Area Planting*. https://www.nrcs.usda.gov/sites/default/files/2022-09/Critical_Area_Planting_342_CPPE.pdf

[20] United States Department of Agriculture – Natural Resources Conservation Service, *Conservation Practice Standard: Tree/Shrub Site Preparation*. https://www.nrcs.usda.gov/sites/default/files/2022-10/Tree_Shrub_Site_Preparation_490_CPS_10_2020.pdf

[21] United States Department of Agriculture – Natural Resources Conservation Service, Effects of NRCS Conservation Practices - National: Tree/Shrub Site Preparation. https://www.nrcs.usda.gov/sites/default/files/2022-10/Tree_Shrub_Site_Preparation_490_CPPE.pdf

[22] United States Department of Agriculture – Natural Resources Conservation Service, Conservation Practice Standard Overview: Tree/Shrub Establishment. https://www.nrcs.usda.gov/sites/default/files/2022-10/Tree-Shrub-Establishment-612-PO.pdf

[23] United States Department of Agriculture – Natural Resources Conservation Service, Conservation Practice Standard: Tree/Shrub Establishment. https://www.nrcs.usda.gov/sites/default/files/2022-10/Tree-Shrub-Establishment-612-CPS-May-2016.pdf

[24] United States Department of Agriculture – Natural Resources Conservation Service, Conservation Practice Standard: Mulching. https://www.nrcs.usda.gov/sites/default/files/2022-09/Mulching_CPS_484_Oct_2017.pdf

[25] United States Department of Agriculture – Natural Resources Conservation Service, Conservation Practice Standard Overview: Early Successional Habitat Development/Management. https://www.nrcs.usda.gov/sites/default/files/2022-11/647-NHCP-PO-Early-Successional-Habitat-Development-Mgt-2002.pdf

[26] United States Department of Agriculture – Natural Resources Conservation Service, Conservation Practice Standard: Early Successional Habitat Development. https://www.nrcs.usda.gov/sites/default/files/2022-11/647-NHCP-CPS-Early-Successional-Habitat-Development-Mgt-2022.pdf

[27] United States Department of Agriculture – Natural Resources Conservation Service, Conservation Practice Standard: Upland Wildlife Habitat Management. https://www.nrcs.usda.gov/sites/default/files/2022-11/645-NHCP-CPS-Upland-Wildlife-Habitat-Management-2022.pdf

[28] United States Department of Agriculture – Natural Resources Conservation Service, Effects of NRCS Conservation Practices - National: Upland Wildlife Habitat Management. https://www.nrcs.usda.gov/sites/default/files/2022-10/Upland_Wildlife_Habitat_Management_645_CPPE.pdf

[29] United States Department of Agriculture – Natural Resources Conservation Service, Conservation Practice Standard: Structures for Wildlife. https://www.nrcs.usda.gov/sites/default/files/2022-10/Structures_for_Wildlife_649_CPS.pdf

[30] United States Department of Agriculture – Natural Resources Conservation Service, Conservation Practice Standard Overview: Structures for Wildlife. https://www.nrcs.usda.gov/sites/default/files/2022-10/Structures_for_Wildlife_649_PO.pdf

mano·Y·ola

U.S. Endowment
for Forestry and Communities

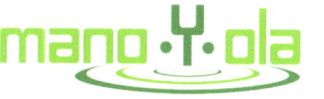

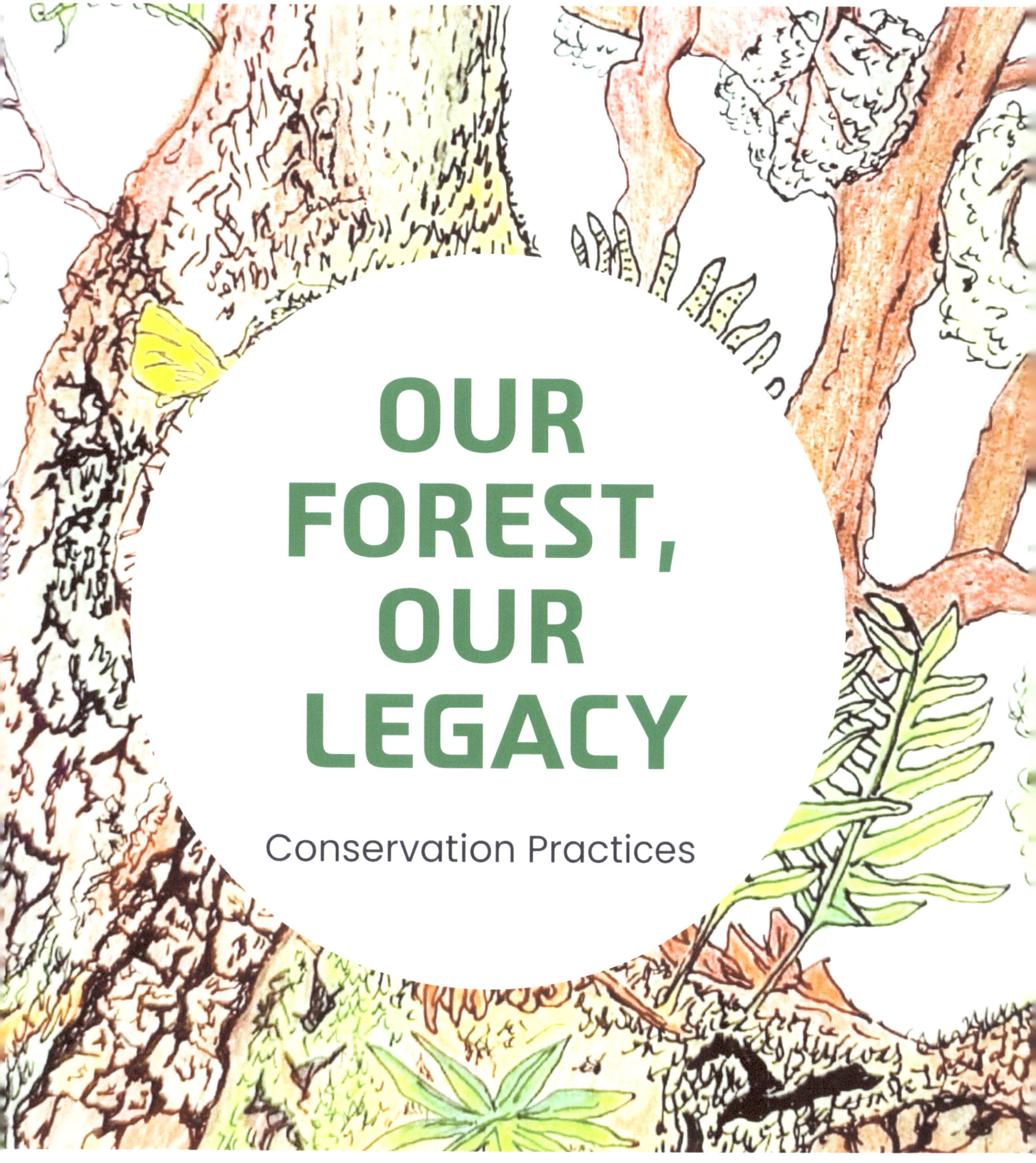

OUR
FOREST,
OUR
LEGACY
Conservation Practices

www.latinofarmersusa.com

To request permission, contact the author:
mano-Y-ola LLC at info@mano-y-ola.com

Illustrator
Erika C. Soler Maldonado

Collaborators
Courtney Columbus
Katherine Favor
Daniel González Rodríguez
Dr. H. Nolo Martínez
Heriberto Martínez Méndez
Edwin Más
Maya McElrath
Patricia Morales
Adrian Parrott
Ismael Reyes
Caroline Sanabria Colón
Delie Wilkens

www.latinofarmersusa.com
www.mano-y-ola.com
www.mano-y-ola.com

Published by: Artist Studio Project Publishing LLC
ISBN: **978-1965086001**
Library of Congress Control Number: **2024942080**

ASP BOOKS
5620 Millrace Trail, Raleigh, NC 27606
artiststudioprojectpublishing.com

ENGLISH VERSION

ABOUT US

mano-Y-ola (mYo) is a minority-and female-owned consulting firm based in North Carolina. The company boasts a presence in several locations, with team members and offices in Colorado, Louisiana, the Netherlands, Puerto Rico, Texas, Wisconsin, and more. Founded by Dr. H. Nolo Martínez in 2009, it is now co-owned by Dr. Nolo Martínez and Maya McElrath. Together, they bring more than 30 years of combined experience spanning leadership, education, family services, social work, and community development. The team at mYo is distinguished by its diverse backgrounds, which include expertise in civic engagement, administration, arts, communication, advertising, social work, case management, education, international relations, law, business administration, agricultural business, and agronomy.

Staff from mYo and partner organizations participate in a field demonstration at Hacienda Rita in San Germán, Puerto Rico.

ABOUT THE BOOK

Silvopasture in Lajas, Puerto Rico

This book is aimed at forest landowners, farmers, and individuals interested in the conservation of natural resources. *Our Forest, Our Legacy* was developed by mano-Y-ola (mYo) with the goal of sharing strategies for sustainable forest management and conservation agriculture. The content covers techniques to reduce wildfire risks and recommendations for creating habitats. mYo also acknowledges the U.S. Endowment for Forestry and Communities for supporting the publication of this book and its commitment to empowering Hispanic forest landowners.

By implementing the practices outlined in this book, readers can help prevent soil erosion, enhance wildlife habitats, and sequester carbon, among other benefits. We hope this information proves valuable in managing your forests and contributes to a more sustainable future.

CONSERVATION PRACTICES

To implement these conservation practices on your land, follow your state or territory's standards and specific requirements. The locally adapted versions of these documents are available on the Field Office Technical Guide (FOTG) webpage.[1]

Each practice has a code assigned by the United States Department of Agriculture - Natural Resources Conservation Service (USDA-NRCS).

The code numbers correspond to conservation practice standards. These standards provide information on the application and rationale behind each practice and set the minimum requirements that must be met during implementation to achieve its intended purpose.

Some of the NRCS conservation practice codes do not apply to all land uses. Consult your local FOTG to find conditions where practices apply or contact your local NRCS field office.

We recommend complementing these practices with other conservation strategies.

[1]United States Department of Agriculture, *Field Office Technical Guide*. https://efotg.sc.egov.usda.gov/#/

Table of Contents

I. MANAGEMENT PRACTICES

These practices help to manage brush and herbaceous weeds.

01. BRUSH MANAGEMENT

Code: 314

Brush Management consists of removing unwanted woody plants from an area. They can be harmful to the environment and animals.

It is possible to use these techniques:
- Chemical methods (herbicides)
- Mechanical methods (by hand or with machinery)
- Prescribed burns
- Biological methods (grazing)[1]

Before using a method, consider choosing which brush species it is directed towards. Some brush species can be toxic.

SEVERAL OF THE BENEFITS:

- Increases access to forage
- Improves forage quality and quantity
- Can improve wildlife habitat[1]

1. Demolition   2. Manual removal   3. Grinding
4. Chemicals   5. Grazing

02. HERBACEOUS WEED TREATMENT

Code: 315

This practice consists of managing herbaceous weeds, including invasive species. These weeds can compete with the crops of interest (space, light, water, and nutrients) and harbor pests or rodents.

For the management of herbaceous weeds, it is possible to use:

- Mechanical methods (by hand or with machinery)
- Chemical methods (herbicides)
- Biological methods (grazing)[2]

Body

SEVERAL OF THE BENEFITS:

- Increases access to forage
- Improves forage quality and quantity
- Can protect desired plants[2]

1. Demolition 2. Manual removal 3. Grinding 4. Chemicals 5. Grazing

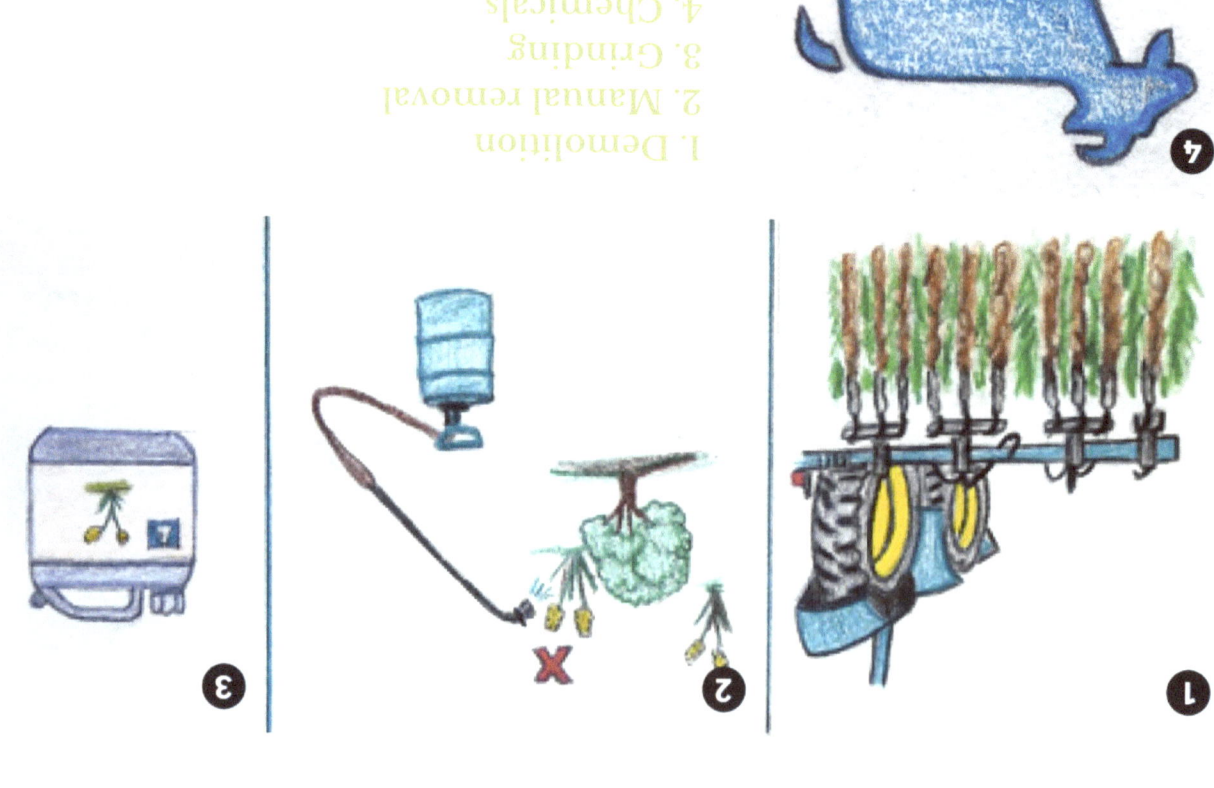

II. FIRE PREVENTION

These practices serve to prevent or control wildfires.

01. PRESCRIBED BURNING

Code: 338

This practice consists of planning a controlled fire. To carry out the burn safely, it is necessary to follow the established state and local regulations, including those of the firefighters. Consult with a professional who will complete a detailed plan before each burn.

Also, it is important to evaluate the environmental health, the meteorology, and the vegetation cover. The person in charge of the burn should direct the activities and make decisions to reduce risk for the participants and the public.

The burn plan should include the following details, among others:

- The location of the area where the burn will be carried out
- The objectives of the burn
- The weather conditions necessary to conduct it[3]
- Forest Service Burn Permit

SEVERAL OF THE BENEFITS:

- Reduces wildfire hazard
- Improves wildlife habitat
- Manages unwanted vegetation[3]

FUEGO CONTROLADO

Controlled intentional fire

02. FIREBREAK

Code: 394

A firebreak is an area without vegetation or with fire-resistant vegetation. The purpose of this area is to prevent a fire from spreading. It can be permanent or temporary.[4] It is possible to use a plow or a bulldozer to open the space.[6]

In addition, follow local firefighters' regulations and evaluate the environmental health and meteorology.
It is also important to take steps to control erosion.[4]

SEVERAL OF THE BENEFITS:

- Prevents a wildfire from spreading
- Together with prescribed burning, helps to manage plant health and productivity[4]
- Reduces carbon dioxide (CO_2) emissions[5]

Area without vegetation (fuel)

03. FUEL BREAK

Code: 383

This practice consists of reducing and/or changing the vegetation in an area. Also, it is important to manage fallen or dead leaves and debris. These fuel reduction steps help to control a fire or reduce its spread.

In case of a wildfire, it is dangerous for the branches of trees to connect. As a preventative measure, tree branches are pruned so the fire cannot spread.

In addition, it is advisable to prune the low branches of trees. [7]

SEVERAL OF THE BENEFITS:

- Lowers wildfire risk [8]
- Together with prescribed burning, helps to improve habitat and forage [7]

Eliminating branches by pruning

III. FOREST MANAGEMENT

Forest management practices can lower the risk of wildfires and improve plant health and productivity. In addition, practices like woody residue treatment can make forests look beautiful, among many other benefits.

01. FOREST TRAILS AND LANDINGS

Code: 655

This practice consists of creating routes, paths, and landings (cleared areas where forest products can be gathered). These areas can improve access to places where other conservation practices will be used. They are designed to be temporary or to be used occasionally.

Consider reusing the same trails and gathering areas in the following years to reduce potential environmental impacts.[9]

SEVERAL OF THE BENEFITS:

- Facilitates access to forest products
- Provides access for forest management[10]
- Can also serve as firebreaks[9]

Trail used for work in the forest

02. FOREST STAND IMPROVEMENT

Code: 666

This practice consists of managing conditions such as the amount of space between trees or the tree species that are present.[11]

When there is enough space between trees, they tend to be healthier. More light and nutrients can reach the trees, along with more water. This contributes to the health of the forest.[12] An example of forest stand improvement is to thin some trees so there is more space between them.[11] In this context, to "thin" means to remove some trees from dense areas.

SEVERAL OF THE BENEFITS:

- Improves forest productivity
- Reduces vulnerability to pests
- Improves wildlife habitat[11]
- Reduces wildfire risk[12]

03. WOODY RESIDUE TREATMENT

Code: 384

This practice involves managing woody material such as fallen trees. This reduces the material that could be a fuel source for a fire.

The material can be chipped, crushed, or removed, among other options. It is preferable to consider these options before deciding to burn the material.[13] Also, consider the needs of wild animals before removing woody material.

SEVERAL OF THE BENEFITS:

- Improves access to forage
- Improves aesthetics
- Reduces the risk of wildfires, pests, and diseases[13]

Management of branches, trunks and other vegetation

IV. PLANTING PRACTICES

The practices in this category consist of planting trees, shrubs, and/or herbaceous plants to reforest, create wildlife habitat, or protect areas vulnerable to erosion. For example, the critical area planting practice can protect the soil.

01. FOREST FARMING

Code: 379

Forest farming, or multi-story cropping, is common in agroforestry systems. It consists of managing trees or shrubs along with plants that grow below them, in the understory.

This practice works well when the crops are of different heights and are compatible. That way, they don't compete for space or light. [14]

For example, in Puerto Rico, crops that can be grown using forest farming include mango tree and ginger, among others.

SEVERAL OF THE BENEFITS:

- Increases crop diversity
- Can add organic matter to the soil
- Improves habitat [14]

Forest farming: trees, shrubs, and crops

02. WILDLIFE HABITAT PLANTING

Code: 420

This practice consists of planting herbaceous plants and/or shrubs well adapted to local conditions, creating wildlife habitat. After identifying which wildlife species will be the focus of this practice, it is recommended to choose plants that can create an ideal habitat for these species.[15]

Wildlife Habitat Planting can be used in cropland or pastures to convert them into habitats for native wildlife, pollinators, and other species.[16] Planting native plants is recommended because these tend to have more ecological benefits.[15]

SEVERAL OF THE BENEFITS:

- Improves wildlife habitat[15]
- Provides food and cover for wildlife
- Can help pollinators such as monarch butterflies[16]

Different species of plants attract different species of animals.

03. CRITICAL AREA PLANTING

Code: 342

This practice consists of establishing vegetation in places with erosion or that are vulnerable to erosion. [17] This can be done in combination with contour planting and terraces.

This practice benefits sites like eroded banks, road banks, lake shorelines, construction areas, and areas affected by natural disasters, among others. [17,18]

SEVERAL OF THE BENEFITS:

- Reduces erosion
- Increases the amount of organic matter in soil
- Improves water quality [19]

Vegetative barriers on the contour (level)

04. TREE/SHRUB SITE PREPARATION

Code: 490

This practice consists of improving the conditions in the planting area. This can include removing old plant material, controlling weeds, and soil preparation.

Woody debris such as fallen branches protect the soil and wildlife habitat. This material can be left at the site if it does not increase the risk of fire or potential harm by pests, and if it does not cause problems with management activities.[20]

SEVERAL OF THE BENEFITS:

- Helps with tree/shrub establishment and growth[20]
- Increases plant health and productivity
- Increases the infiltration of water in the soil[21]

The soil can be prepared with mechanical means, such as a tractor or other tools.

05. TREE/SHRUB ESTABLISHMENT

Code: 612

This practice seeks to establish trees and/or shrubs. Seeds, seedlings, and/or cuttings can be used. Also, if conditions are favorable, trees/shrubs may establish themselves naturally.

The establishment process normally lasts from 1 to 3 years. During this time, trees/shrubs may need to be watered and have nutrients applied to them.[22]

SEVERAL OF THE BENEFITS:

- Controls erosion
- Stores carbon
- Improves wildlife habitat
- Improves plant health and productivity[23]

Trees/shrubs planted on the contour (level) and in a triangular pattern of planting

06. MULCHING

Code: 484

This practice consists of covering the soil or the surface of the land with natural materials (vegetable material, such as fallen or dead leaves, wood chips) or artificial materials. Other options for mulch include bark and gravel, among others. It is also possible to use plastic, but doing so could increase erosion.

Mulch should cover the soil evenly.[24]

SEVERAL OF THE BENEFITS:

- Improves plant health
- Reduces erosion
- Can increase the amount of organic matter in the soil[24]

Use of mulch covering the soil in tree/shrub planting

V. HABITAT MANAGEMENT AND DEVELOPMENT

There are various ways to establish or improve habitat for wildlife. For example, structures can be installed for the benefit of wild animals, such as places where birds can make their nests.

01. EARLY SUCCESSIONAL HABITAT DEVELOPMENT/MANAGEMENT

Code: 647

After an area has been disturbed, it goes through a series of changes in the species of plants and animals that are present. This process is known as ecological succession. This practice consists of managing ecological succession so that an area stays in the early successional stage for the benefit of wildlife.[25]

An example of this practice is controlling invasive weeds/brush to benefit native plants and wildlife.

SEVERAL OF THE BENEFITS:

- Improves plant diversity
- Controls unwanted plants[26]
- Improves wildlife habitat
- Reduces erosion[25]

This practice includes creating habitat for plants and animals.

02. UPLAND WILDLIFE HABITAT MANAGEMENT

Code: 645

This practice consists of managing wildlife habitat and connectivity. Changes in the structures and plants that are present can improve the habitat. A habitat evaluation is suggested to identify factors that limit the habitat and address each factor. [27]

An example of this in Puerto Rico could be maintaining forested areas and reforesting with native plants, considering endemic species such as the endangered Puerto Rican parrot.

SEVERAL OF THE BENEFITS:

- Provides food and shelter for wild animals[27]
- Reduces erosion
- Improves plant diversity[28]

INVASIVE PLANT

WEED

Controlling invasive or harmful species is part of habitat management

03. STRUCTURES FOR WILDLIFE

Code: 649

To improve wildlife habitat, it is possible to install structures, such as places where wild animals can nest, rest, or escape danger.[29] These are usually substitutes until the natural habitat has enough structures.

In addition, structures that can harm wild animals can be adapted to make them safer for wildlife. For example, installing escape ramps in water troughs would help an animal that falls inside.[30]

SEVERAL OF THE BENEFITS:

- Improves wildlife habitat
- Reduces the risk of a structure harming wild animals[29]

Example of shelter for birds

GLOSSARY

A.

Agriculture: Cultivation of land to produce food and other products and raise animals.

Agroforestry: A system that combines agriculture and trees in the same area.

B.

Biology: The science that studies life and living beings. "Biological" is pertaining to or related to biology.

Birds: Vertebrates with feathers, a beak, and the capacity to fly (mostly).

Bulldozer: A type of heavy equipment with a front blade used to excavate, level, and move large quantities of earth or other materials.

C.

Carbon: A fundamental chemical element found in most organic compounds that plays a key role in the chemistry of life.

Carbon dioxide (CO_2): A gas composed of carbon and oxygen found in the atmosphere that is an important contributor to the greenhouse effect and climate change.

Chemicals: Substances composed of chemical elements utilized in various applications, from industry to agriculture and medicine.

Conservation practices: Actions and techniques designed to sustainably preserve and manage natural resources.

Contour: Establishing conservation practices such as planting trees or crops at the same level in the field.

Cover: A place that offers temporary shelter.

Crops: Plants cultivated for agricultural purposes, such as food or commercial products.

Crush: The process of shredding or reducing to smaller particles, such as crushing wood.

Cuttings: Parts of plants are cut and used to cultivate new plants identical to the original plant.

D.

Demolition: Destroying or taking apart buildings, structures, or objects for their elimination or replacement.

Disturbance: The alteration or change of an ecosystem or environment, frequently caused by natural or human factors.

Diversity: The variety of elements or species in an environment, like the diversity of life in an ecosystem.

E.

Ecology: The science that studies the relationships between living things and their environment. "Ecological" is pertaining to or related to ecology.

Endemic species: Organisms found exclusively in a specific geographic region and not in any other part of the world.

Environmental health: The general state and quality of the environment and natural resources in relation to human health and wellness.

Erosion: The process of wearing away and losing soil or rock due to natural factors like wind or water.

Escape ramps: Paths or structures designed to allow people, animals, or vehicles to leave a location safely.

F.

Fallen or dead leaves: A layer of leaves, branches, and vegetable material in decomposition that accumulates on the ground in a forest or natural area.

Firebreak: Cleared strip that prevents the spread of fires.

Food: Substances consumed to obtain energy and nutrients.

Forested areas: Zones covered by trees, whether natural or planted.

Forests: Terrestrial ecosystems dominated by trees and arboreal vegetation.

Fuel: In forests, fuel refers to plant material that can burn in a fire.

Fuel reduction: Actions that decrease the amount of flammable materials, such as vegetation, in an area to prevent fires.

G.

Grazing: An activity in which animals (generally livestock) feed on pastures in grazing areas.

H.

Habitat: The place or natural environment where a species of plant or animal lives.

Herbaceous plants: Plants that do not have woody tissue and generally have a short life cycle.

Herbicides: Chemical substances used to kill or control the growth of unwanted plants in agriculture or gardening.

L.

Land: The earth's surface, including its physical and geographic characteristics.

Legacy: Property, traditions, or natural or cultural characteristics inherited from generation to generation.

M.

Machinery: The combination of machines or mechanical devices used to carry out specific tasks.

Manual removal: Eliminating materials or vegetation using human labor instead of machines.

Meteorology: The science that studies climate, weather, and atmospheric conditions.

N.

Native plants: Plant species originating and growing naturally in a specific region.

Nests: Structures built by birds and other animals to raise their young and protect their eggs.

NRCS (Natural Resources Conservation Service): An agency of the United States government that focuses on conserving natural resources and sustainable land management.

Nutrients: Substances essential for the growth and health of living things, such as minerals and chemical compounds obtained from food and the environment.

O.

Organic matter: Substances derived from living organisms or matter in decomposition that are a fundamental part of the soil and contribute to its fertility.

P.

Pastures: Areas covered with vegetation that are mainly grasses and herbaceous plants for grazing animals.

Pastures and forage: Natural or cultivated plants and grasses that are used as food for livestock and other animals.

Path: A marked route that is used for traveling on foot or by bicycle.

Pests: Unwanted organisms that harm crops, property, or other resources.

Planting: Sowing seeds or transplanting seedlings into the ground to cultivate crops or vegetation.

Plants: Living organisms that belong to the plant kingdom and can produce their own food.

Plow: An agricultural tool for tilling the ground.

Pollinators: Organisms like bees and butterflies help transfer pollen from one flower to another, allowing for fertilization and the production of fruits and seeds.

Prescribed burns: Controlled fires planned to manage vegetation, improve habitats, and reduce fire risk.

Puerto Rican parrot: A species of parrot that is endemic to Puerto Rico.

R.

Reforest: Planting trees or vegetation in areas where trees have been cut down or eliminated.

Resources: Natural elements or property used to satisfy human necessities or other purposes.

Rodents: Small mammals, such as rats and squirrels, with sharp incisors. Their incisors grow constantly.

S.

Seeds: Structures containing plant embryos used to grow new plants.

Seedlings: Plants grown from seed that are cultivated in order to be transplanted.

Shelter: A place that offers refuge or protection.

Shrubs: Woody plants that are smaller than trees.

Silvopasture: A system that combines raising livestock with planting trees or shrubs to use land sustainably.

Soil: The top level of the earth where plants grow and ecosystems develop.

Species: Groups of organisms with similar characteristics that can reproduce with each other and have fertile descendants.

Spread: Refers to expanding to cover a larger area, as in the case of fire.

Structures: Physical elements that form an object or system and provide form and function.

Sustainable: Focusing on the use of resources and the management of systems in a way that satisfies current needs without compromising the capacity of future generations to satisfy their own needs.

T.

Terraces: Tiered structures built on inclined ground to avoid erosion and improve water retention.

Thin: Action of reducing the density of plants in a planting or crop, generally eliminating some of them to allow the remaining plants more space to grow and flourish adequately.

Toxic or toxicity: The capacity of a substance to cause harm to or have damaging effects on the health of living things.

Trail: Route used for moving people, vehicles, or animals.

Trees: Plants with leaves and a woody trunk.

U.

Understory: Layer of vegetation that grows below the highest canopy of trees in a forest.

USDA (United States Department of Agriculture): An agency of the United States government responsible for supervising policies related to agriculture and nutrition.

V.

Vegetation: The combination of plants, including trees, shrubs, grasses, and other types of plants that are found in an area.

W.

Water: An essential resource for life, present in rivers, lakes, oceans, and aquifers.

Water troughs: Devices or places where animals can drink water.

Weeds/brush: Unwanted plants that grow in uncultivated areas and frequently compete with desired crops or plants.

Wild animals: Species that are not domesticated and live in their natural environment.

Wildfires: Fires that occur in forests, jungles, or natural vegetation and can spread rapidly, causing significant harm.

Wildlife: Animals that live in their natural environment, not domesticated by people.

Woody: Has characteristics of wood or resembles wood, like the stems of shrubs and trees.

Woody shrubs: Shrubs with woody stems.

Woody residues: Remains of wood or woody materials left after cutting or processing trees.

References:

USDA Natural Resources Conservation Service. *National Field Office Technical Guides. USDA, NRCS Conservation Practice Codes.* https://www.nrcs.usda.gov/resources/guides-and-instructions/conservation-practice-standards

Endnotes:

[1] United States Department of Agriculture – Natural Resources Conservation Service, *Conservation Practice Standard: Brush Management.* https://www.nrcs.usda.gov/sites/default/files/2022-09/Brush_Management_314_CPS-3-17Final.pdf

[2] United States Department of Agriculture – Natural Resources Conservation Service, *Conservation Practice Standard: Herbaceous Weed Treatment.* https://www.nrcs.usda.gov/sites/default/files/2022-09/Herbaceous_Weed_Treatment_315_CPS_10_2020.pdf

[3] United States Department of Agriculture – Natural Resources Conservation Service, *Conservation Practice Standard: Prescribed Burning.* https://www.nrcs.usda.gov/sites/default/files/2022-09/Prescribed_Burning_338_CPS_10_2020.pdf

[4] United States Department of Agriculture – Natural Resources Conservation Service, *Conservation Practice Standard: Firebreak.* https://www.nrcs.usda.gov/sites/default/files/2022-11/394-NHCP-CPS-Firebreak-2021.pdf

[5] United States Department of Agriculture – Natural Resources Conservation Service, *Effects of NRCS Conservation Practices - National. Firebreak.* https://www.nrcs.usda.gov/sites/default/files/2022-09/Firebreak_394_CPPE.pdf

[6] United States Department of Agriculture – Natural Resources Conservation Service, *Conservation at Work Video Series: Firebreak.* https://youtu.be/VIHfYpZD1Mw

[7] United States Department of Agriculture – Natural Resources Conservation Service, *Conservation Practice Standard: Fuel Break.* https://www.nrcs.usda.gov/sites/default/files/2022-11/383-NHCP-CPS-Fuel-Break-2021.pdf

[8] United States Department of Agriculture – Natural Resources Conservation Service, *Conservation Practice Overview: Fuel Break.* https://www.nrcs.usda.gov/sites/default/files/2022-11/383-NHCP-PO-Fuel-Break-2022.pdf

[9] United States Department of Agriculture – Natural Resources Conservation Service, *Conservation Practice Standard: Forest Trails and Landings.* https://www.nrcs.usda.gov/sites/default/files/2022-09/Forest_Trails_and_Landings_655_CPS_Oct_2017.pdf

[10] United States Department of Agriculture – Natural Resources Conservation Service, *Conservation Practice Overview: CPS Forest Trails and Landings.* https://www.nrcs.usda.gov/sites/default/files/2022-09/Forest_Trails_and_Landings_655_Overview_Oct_2017.pdf

[11] United States Department of Agriculture – Natural Resources Conservation Service, *Conservation Practice Standard: Forest Stand Improvement.* https://www.nrcs.usda.gov/sites/default/files/2022-11/666-NHCP-CPS-Forest-Stand-Improvement-2022.pdf

[12] United States Department of Agriculture – Natural Resources Conservation Service, *Conservation at Work Video Series: Forest Stand Improvement*. https://www.youtube.com/watch?v=QZhOPQHdJM8

[13] United States Department of Agriculture – Natural Resources Conservation Service, *Conservation Practice Standard: Woody Residue Treatment*. https://www.nrcs.usda.gov/sites/default/files/2022-10/Woody_Residue_Treatment_384_CPS_Oct_2017.pdf

[14] United States Department of Agriculture – Natural Resources Conservation Service, *Conservation Practice Standard: Forest Farming*. https://www.nrcs.usda.gov/sites/default/files/2022-09/Forest_Farming_379_CPS_NHCP_2020.pdf

[15] United States Department of Agriculture – Natural Resources Conservation Service, *Conservation Practice Standard: Wildlife Habitat Planting*. https://www.nrcs.usda.gov/sites/default/files/2022-10/Wildlife_Habitat_Planting_420_NHCP_CPS_2018.pdf

[16] United States Department of Agriculture – Natural Resources Conservation Service, *Conservation Practice Standard Overview: Wildlife Habitat Planting*. https://www.nrcs.usda.gov/sites/default/files/2022-10/Wildlife_Habitat_Planting_420_NHCP_PO_2018.pdf

[17] United States Department of Agriculture – Natural Resources Conservation Service, *Conservation Practice Standard: Critical Area Planting*. https://www.nrcs.usda.gov/sites/default/files/2022-09/Critical_Area_Planting_342_CPS.pdf

[18] United States Department of Agriculture – Natural Resources Conservation Service, *Conservation Practice Standard Overview: Critical Area Planting*. https://www.nrcs.usda.gov/sites/default/files/2022-09/Critical_Area_Planting_342_Overview_Sep_2016.pdf

[19] United States Department of Agriculture – Natural Resources Conservation Service, *Effects of NRCS Conservation Practices - National: Critical Area Planting*. https://www.nrcs.usda.gov/sites/default/files/2022-09/Critical_Area_Planting_342_CPPE.pdf

[20] United States Department of Agriculture – Natural Resources Conservation Service, *Conservation Practice Standard: Tree/Shrub Site Preparation*. https://www.nrcs.usda.gov/sites/default/files/2022-10/Tree_Shrub_Site_Preparation_490_CPS_10_2020.pdf

[21] United States Department of Agriculture – Natural Resources Conservation Service, *Effects of NRCS Conservation Practices - National: Tree/Shrub Site Preparation*. https://www.nrcs.usda.gov/sites/default/files/2022-10/Tree_Shrub_Site_Preparation_490_CPPE.pdf

[22] United States Department of Agriculture – Natural Resources Conservation Service, *Conservation Practice Standard Overview: Tree/Shrub Establishment*. https://www.nrcs.usda.gov/sites/default/files/2022-10/Tree-Shrub-Establishment-612-PO.pdf

[23] United States Department of Agriculture – Natural Resources Conservation Service, *Conservation Practice Standard: Tree/Shrub Establishment*. https://www.nrcs.usda.gov/sites/default/files/2022-10/Tree-Shrub-Establishment-612-CPS-May-2016.pdf

[24] United States Department of Agriculture – Natural Resources Conservation Service, *Conservation Practice Standard: Mulching*. https://www.nrcs.usda.gov/sites/default/files/2022-09/Mulching_CPS_484_Oct_2017.pdf

[25] United States Department of Agriculture – Natural Resources Conservation Service, *Conservation Practice Standard Overview: Early Successional Habitat Development/Management.* https://www.nrcs.usda.gov/sites/default/files/2022-11/647-NHCP-PO-Early-Successional-Habitat-Development-Mgt-2002.pdf

[26] United States Department of Agriculture – Natural Resources Conservation Service, *Conservation Practice Standard: Early Successional Habitat Development.* https://www.nrcs.usda.gov/sites/default/files/2022-11/647-NHCP-CPS-Early-Successional-Habitat-Development-Mgt-2022.pdf

[27] United States Department of Agriculture – Natural Resources Conservation Service, *Conservation Practice Standard: Upland Wildlife Habitat Management.* https://www.nrcs.usda.gov/sites/default/files/2022-11/645-NHCP-CPS-Upland-Wildlife-Habitat-Management-2022.pdf

[28] United States Department of Agriculture – Natural Resources Conservation Service, *Effects of NRCS Conservation Practices - National: Upland Wildlife Habitat Management.* https://www.nrcs.usda.gov/sites/default/files/2022-10/Upland_Wildlife_Habitat_Management_645_CPPE.pdf

[29] United States Department of Agriculture – Natural Resources Conservation Service, *Conservation Practice Standard: Structures for Wildlife.* https://www.nrcs.usda.gov/sites/default/files/2022-10/Structures_for_Wildlife_649_CPS.pdf

[30] United States Department of Agriculture – Natural Resources Conservation Service, *Conservation Practice Standard Overview: Structures for Wildlife.* https://www.nrcs.usda.gov/sites/default/files/2022-10/Structures_for_Wildlife_649_PO.pdf

ARTIST STUDIO PROJECT PUBLISHING COMPANY LLC.
AN INDEPENDENT MULTICULTURAL BOOK PUBLISHING COMPANY

About ASP Books: Artist Studio Project Publishing Company AKA ASP Books, is an independent multicultural book publishing company interested in all creative, scholarly, and cultural Latino books and writings by and about Puerto Ricans, Latin Americans, Mexican Americans, Cuban Americans, Central Americans, Hispanic Americans, Indigenous Americans and writers of color.

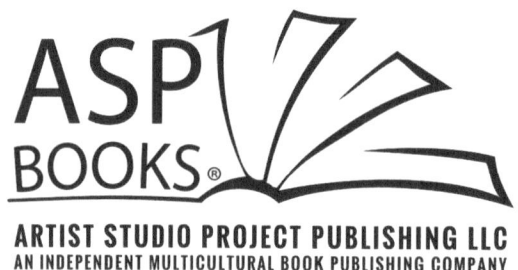

ARTIST STUDIO PROJECT PUBLISHING LLC
AN INDEPENDENT MULTICULTURAL BOOK PUBLISHING COMPANY

ARTIST STUDIO PROJECT PUBLISHING COMPANY LLC.
UNA EDITORIAL INDEPENDIENTE DE LIBROS MULTICULTURALES
Acerca de ASP Books: Artist Studio Project Publishing Company, también conocido como ASP Books, es una editorial independiente de libros multicuturales interesada en todos los libros y escritos latinos creativos, académicos y culturales escritos por y sobre puertorriqueños, latinoamericanos, mexicoamericanos, cubanoamericanos, centro-americanos, hispanoamericanos, Indigenas Americanos y escritores de color.